恐龙小Q

呀！物理真好玩

陈和伟·文　高凯·图

天地出版社 | TIANDI PRESS

目录

什么是物理?

海水为什么是蓝的?

彩虹是怎样形成的?

船为什么会浮在水上?

氢气球能飞多高?

在光滑的路面上行走为什么容易摔倒?

地球是圆的,那人站在上面为什么不会掉下去?

公交车突然停下,人为什么会向前倾?

声音是怎样产生的?

影子是怎么来的?

每时每刻，你是不是和我一样，对身边发生的一切都充满了好奇和疑惑？

其实不仅是你，甚至科学家，他们在小时候也曾有过类似的困惑。为此，他们研究这些现象并成立了一门学科，叫作物理。

什么是物理呢？通俗来讲，就是探索世间万物的道理。虽然名字听起来怪怪的，但它非常有趣！

不信，我们一起来看看吧！

浮力

浸在液体（如水）或气体（如空气）中的物体会受到竖直向上的托力，这种力叫浮力。

日常生活中，浮力现象随处可见，如叶子漂浮在水面，小船划过江心，人套着游泳圈游泳，气球飞在天上等。

浮力通常与物体的密度有关。一块泡沫板放入水中会浮起来，因为泡沫板的密度比水的密度小；一块铁放入水中会沉下去，因为铁的密度比水的密度大。只有密度比水小的物体，才会浮在水面；反之，就会沉入水中。

水的密度：

约 1000 千克 / 立方米

聚苯乙烯泡沫塑料密度的标准要求：

15~34.9 千克 / 立方米

铁的密度：

约 7900 千克 / 立方米

小实验：神奇的鸡蛋

准备材料：一个杯子（杯子里放半杯水）、一个鸡蛋、一些盐。

1. 把鸡蛋放进一杯清水里，鸡蛋会沉入水底。

2. 往清水里加一定量的盐。

3. 观察鸡蛋动态——鸡蛋在盐水中慢慢地浮了起来。

结论：鸡蛋在盐水中受到的浮力比它在清水中受到的浮力大。

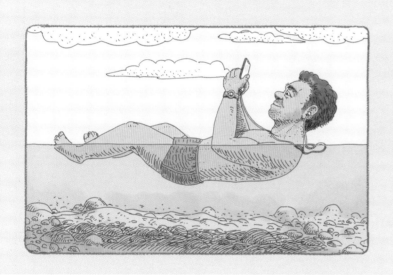

趣味小知识：人能浮在死海水面上

在巴勒斯坦、以色列、约旦 3 个国家的交界处，有一片水域叫死海。在这里，不会游泳的人不用套游泳圈都能在水中浮起来，这是因为死海中含有高浓度的盐分（一般海水的 8.6 倍）。由于死海盐分含量太高，多数生物都无法在其中生存，因此它才被称作死海。

趣味小知识：为什么钢铁会沉入水中，而用钢铁造的轮船却能浮在水面上？

实心的钢铁密度比水大，所以会沉入水中。但是，当它被制作成轮船的外壳时，由于船身内部存在很大空间，轮船的平均密度小于水的密度，所以用钢铁造的轮船能浮在水面上。

重力

物体由于地球的吸引而受到的力，叫重力。

朝空中扔出一架纸飞机，它飞着飞着就掉在地上了！

喷泉里的水向上喷涌之后总是会落下来。

风一吹，树上的叶子纷纷向下飘落。

把球朝天空扔出去，球在上升之后还是会掉下来！

…………

这些现象的背后，都藏着"重力"。

小实验：重力

准备材料：
曲别针、细绳、剪刀、小木棍。

1. 用 3 根细绳分别系住 3 个曲别针，再将它们依次固定在一根小木棍上。

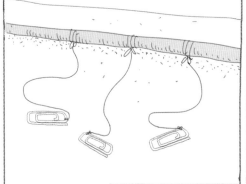

2. 将小木棍悬空拿起，上下倾斜木棍，观察 3 个曲别针的朝向。

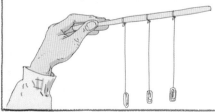

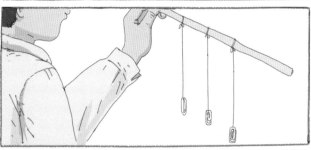

结论：无论怎样倾斜小木棍，3 个曲别针始终都是朝下的，这是受重力影响的缘故。

趣味小知识：地球上没有了重力会怎样?

假如有一天地球上没有了重力，那么地表上所有的物体都会像氢气球一样飘到天上去。这里面可能有你的玩具、衣服、鞋子、书本，家里的桌子、凳子、冰箱、电视机……除此之外，地球上的大气也会消失。大气消失，就意味着我们呼吸所需的氧气也没有了。没有了氧气，多数生物都会死亡。到时，地球就会变成一个没有生命的"死亡星球"。

摩擦力

在光滑的路面上行走，一不小心就会滑倒；在粗糙的路面上行走，就不容易滑倒。

鞋子穿久了，鞋底会磨破。

橡皮轻轻一擦，就能擦掉纸上的字迹。

汽车猛地刹车后，车后总是出现长长的轮胎痕迹。

以上这些现象都是摩擦力导致的。

阻碍物体相对运动或相对运动趋势的力，叫摩擦力。

斜坡上的箱子呈下滑的趋势，却静止不动，因为箱子底部和斜面存在摩擦力；高速公路上飞奔的汽车跑得很快，轮胎每时每刻都和地面进行着摩擦。

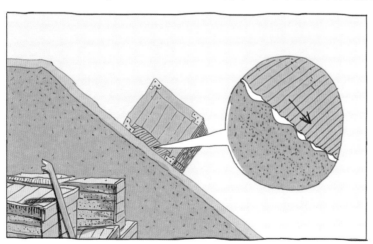

一般来讲，物体表面越光滑，摩擦力越小；物体表面越粗糙，摩擦力越大。

滑梯的表面制作得很光滑，这是为了减小摩擦力。只有摩擦力小了，物体才容易滑动。

汽车轮胎表面凹凸不平，这是为了增大摩擦力。只有摩擦力大了，物体才不容易滑动，汽车才能在雨雪天路面光滑的情况下安全行驶。

趣味小知识：摩擦生热

寒冷的冬天，我们的手常常被冻得冰凉冰凉的。这时，只要搓搓双手就会感觉温暖，这是因为摩擦可以生热。除此之外，钻木取火、锯子长时间锯木头会发烫、火柴擦划砂纸会引燃等现象，也是摩擦生热所引起的。

   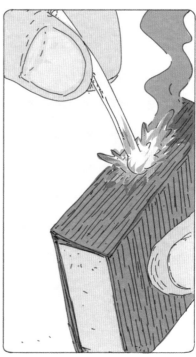

弹性和弹力

弹性

    用手按压弹簧，弹簧会被压扁，手松开后，弹簧又恢复成原样。像这种物体在一定限度的外力作用下能够变形，在除去外力后又能够恢复原来形状的性质，叫弹性。

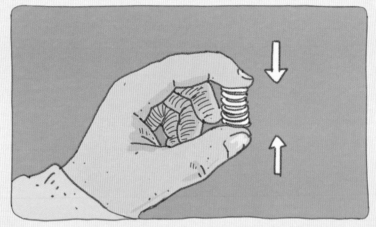

弹力

    物体受外力作用发生形变后，由于要恢复原来力的形状，对与它接触的物体会产生力的作用，这种力叫弹力。

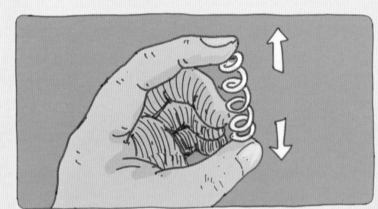

    弹簧被拉长后能恢复原样，人们利用这个特点，制作了橡皮筋、弹弓、弹力绷带等物品。

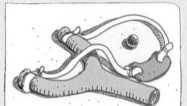

    弹簧被压扁后能恢复原样，人们利用这个特点，制作了圆珠笔、订书机等物品。

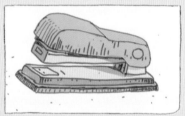

    生活中充满了具有弹性的东西，比如弹性沙发、席梦思床垫、汽车的减震装置等。

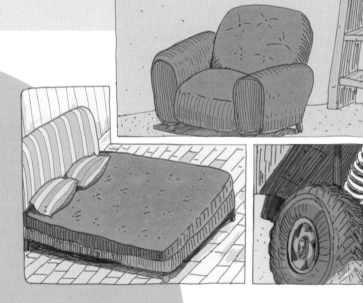

找一找：公园里有哪些运动与弹力有关？

撑竿跳高：运动员借助竿子的支撑和弹力，使身体越过一定高度，最后落地。

跳水：运动员利用跳板的弹力腾空，然后在空中做不同难度的动作，最后落入水中。

蹦极：蹦极所用的绳子具有很强的弹性，玩蹦极的人往下跳时，绳子被拉长，由于绳子要恢复到原来的模样，所以系在绳子上面的人又会被拉回去。

压力

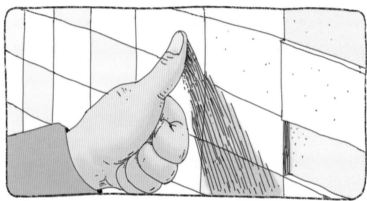

汽车停在路边时，车会对地面产生垂直向下的压力。同样的道理，桌上的杯具也会对桌面产生垂直向下的压力。用手指按压墙面时，手指是用力方，受力的是墙，所以此时压力是垂直于墙面的。人躺在沙发上，就人的背部而言，它在用力，而沙发靠背在承受这一力，所以该压力是垂直于沙发靠背表面的。

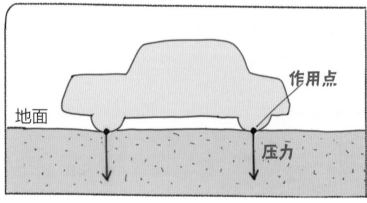

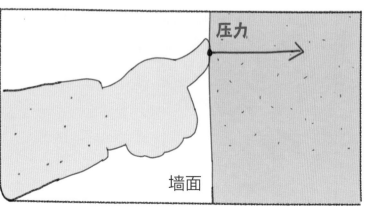
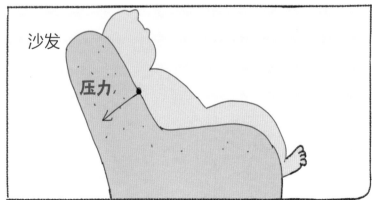

压强

物体所受压力的大小与受力面积之比，叫压强。

行走在深厚的雪地里，身后会有一个个很深的脚印坑，但踩在宽阔的滑雪板上就不会。

宽的书包带背起来会感觉很舒服，但窄的书包带就会勒肩膀。

用手指戳一下面团，能戳出一个深坑，但用手掌就不会。

铁轨下面为什么要铺设枕木？

其实，它们都和压强有关。

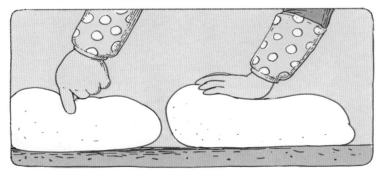

压强与物体的受力面积

当压力一定时，物体受力面积越小，压强越大；而物体受力面积越大，压强越小。

压强与压力的大小

当受力面积一定时，物体受到的压力越大，压强越大；而受到的压力越小，压强越小。这正是大货车超载时更容易破坏路面的原因之一。

平衡

简单来讲，平衡就是两端持平、不偏斜，或者使物体保持相对稳定的静止状态。

平衡无处不在，例如人用杆秤来称量东西、实验室用托盘天平称量物品、杂技表演中演员走钢丝等，都运用到了平衡。

单脚站在地面上，我们的身体会东倒西歪，很容易摔倒；但双脚站在地面上，就会很稳，这也是平衡的体现。

重心

物体受到重力的影响，有向下掉的趋势，但当我们找到物体的支点并施加一个向上的支持力时，物体不仅不会掉落，反而能够保持平衡，这个支点就是重心。

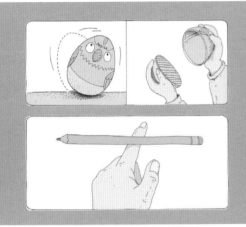

为什么不倒翁怎么推也推不倒？因为，不倒翁的重心在最底部。为了保持平衡，它的下半身通常是一个实心的半球体。

把一支铅笔放在手指上，慢慢调整左右两端的距离，我们会发现铅笔保持了平衡，稳稳地停在了手指上。

那么，靠近手指与铅笔接触的地方，就是这支铅笔的重心。

小实验：找寻不同物体的重心

准备材料：剪刀、硬纸板、铅笔、直尺、细绳、橡皮。

1. 用剪刀把硬纸板剪成自己喜欢的形状，如心形。

2. 用细绳拴住橡皮。

3. 一只手轻轻提着心形硬纸板，使其自然下垂；另一只手提着橡皮，使细绳贴近硬纸板，并经过其悬挂点。

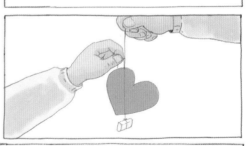

4. 待绳子不再摆动，用铅笔沿着细绳与心形硬纸板接触的位置画一条线。

5. 再找一个或两个位置，重复以上做法。

6. 这样，我们在心形硬纸板上就找到了重心。

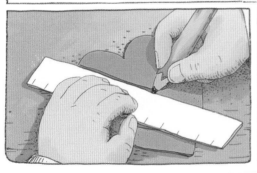

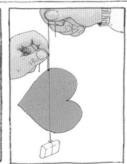

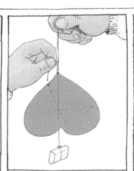

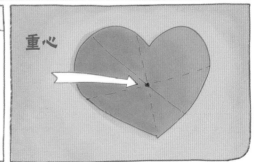

重心

结论：几条线的交点便是心形硬纸板的重心。

等效替代法

东汉末年，孙权送给曹操一头大象。曹操想知道这头大象有多重，便问身边的大臣："你们谁有办法称一下这头大象有多重？"大臣们有的说把大象杀掉，切成一块一块称量，最后加起来，就是大象的总重量；也有的说制造一个巨大无比的秤，直接称量。大臣们众说纷纭，但是没有一个答案令曹操满意。这时，曹操的小儿子曹冲从人群中挤了出来，说："先把大象赶到一艘船上，船因为大象的重量会向下沉，在水面所达到的船身处作个标记。然后把大象赶下船，往船上装石头，直至船下沉到标有记号的位置。之后，只要称一下这些石头的重量就能得出大象的体重了！"曹操听了非常高兴，既不用杀掉大象，又能称出大象的体重，这真是一个两全其美的好办法啊！

等效替代法，即用效果相等的东西来替代，以达到分析、解决问题的目的。

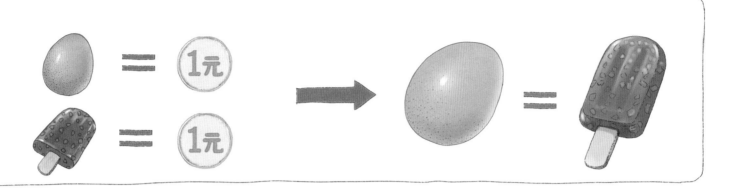

小实验：大石头与小石子

准备材料：
一块较厚的泡沫板、一支笔、一盆水、一块大鹅卵石、一些小石子、一台电子秤。

1. 把泡沫板放进水盆里，观察泡沫板没入水中的位置。

2. 将大鹅卵石放在泡沫板上，在水面与泡沫板接触的位置，用笔作记号。

3. 取走大鹅卵石，观察记号与水面的距离。

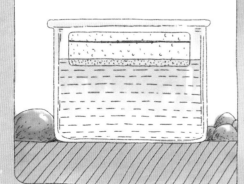

4. 向泡沫板上放小石子，直到泡沫板上的记号与水面重合为止。

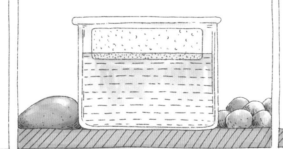

5. 取下泡沫板上的小石子，放到电子秤上称量，所得的重量就是大鹅卵石的重量。

杠杆

日常生活中，根据人们的需要，杠杆可以是直的，也可以是弯的，如跷跷板、剪刀、撬棒、钓鱼竿等。每个杠杆都有力臂和支点。以右图中的撬棒为例，小石头是支点，小石头到工人施力作用线的距离叫动力臂，小石头到大石块所施阻力作用线的距离叫阻力臂。

跷跷板的支点是中间的支撑点。

剪刀、老虎钳的支点在把手与尖端的交叉处。

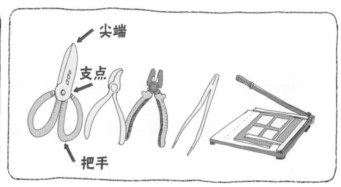

吊车的支点在伸缩撑杆与吊臂的相交处。

小实验：制作杠杆

准备材料：一双筷子、一支笔、胶带、小盒子、固体胶、贴纸、尺子。

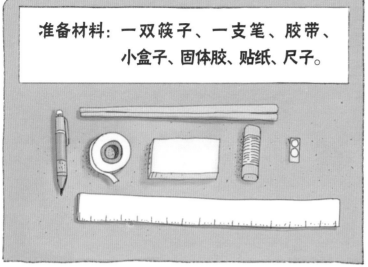

1. 利用尺子将筷子平均分为三份，并用笔标记。

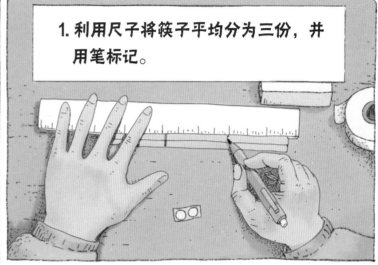

2. 在标记好的位置贴上贴纸，并标上数字1、2。

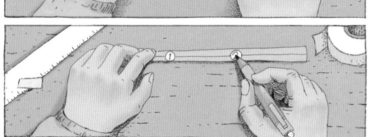

3. 用胶带把筷子的一端和固体胶粘好。

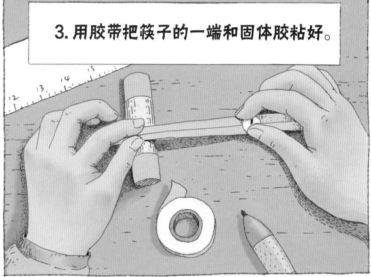

4. 把筷子连同固体胶一起放在小盒子上面。

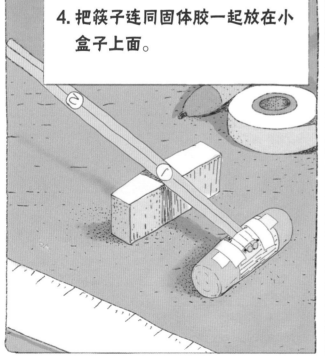

5. 分别在数字1和数字2处撬动固体胶，感受一下，哪个省力，哪个费力？

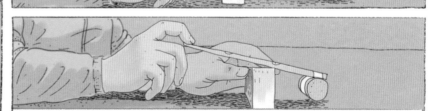

结论：用力端越长，越省力；用力端越短，越费力。（实质是，动力臂大于阻力臂时，省力。）

滑轮

滑轮是一个周边有凹槽，能够绕轴转动的小轮。

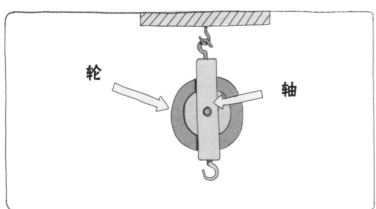

轮　　轴

定滑轮

使用滑轮时，中心轴的位置固定不动的滑轮称为定滑轮。

生活中，定滑轮的应用十分广泛。如升国旗时，国旗顶端的滑轮就是定滑轮。除此之外，家里的窗帘、移动门、水井上的滚木等也都应用了定滑轮。

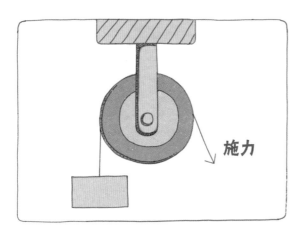

施力

定滑轮

定滑轮

定滑轮能改变力的方向，但不能省力。

应用定滑轮打水时，人不用站在井的上方往上拉水，只需站在井旁边向下拽拉绳子，水桶就会升上来，既安全又方便。

动滑轮

使用滑轮时，中心轴的位置能随着被拉物体一起运动的滑轮称为动滑轮。

生活中，动滑轮的应用也很广泛，如索道上的缆车、工地上的塔吊等。

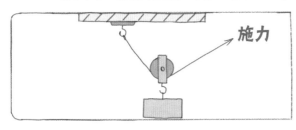  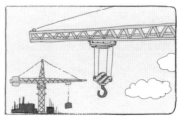

动滑轮不能改变力的方向，但能省力。

人站在高处直接从地面拉重物会感觉很吃力，加上一个动滑轮后，感觉轻松多了。

滑轮组

人们为了既省力又能改变力的方向，常常把动滑轮和定滑轮结合起来使用，这称为滑轮组。

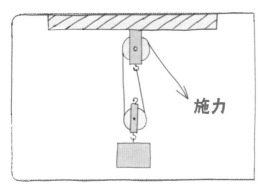 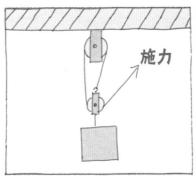 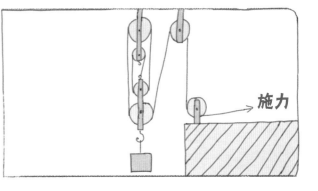

生活中运用到滑轮组的吊车

 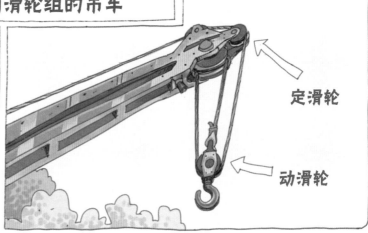

定滑轮

动滑轮

参照物

白天，我们坐在高速行驶的列车上看着窗外，会感觉列车行驶很快。

晚上，当高速行驶的列车窗外一片漆黑时，我们却感觉不到列车行驶的快慢。

总结：之所以白天感觉列车行驶很快，是因为我们把车窗外的树、电线杆等当作了参照物；晚上，车窗外什么也看不到，我们也就失去了参照物，所以感觉不到列车的快慢。

从空中看向地面，山、水等仿佛都在向后移动。

坐在前行的小船上看两岸，大山仿佛在向后移动。

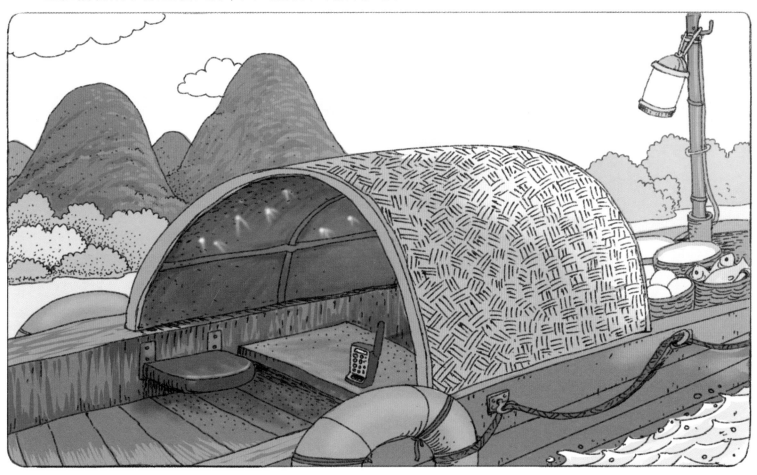

总结：从空中看向地面，山、水等仿佛都在向后跑，这是因为我们把飞机或自己作为了参照物，所以看地面上的事物是移动的；而坐在前行的小船上时，我们把小船或自己作为了参照物，所以看两岸的事物都是移动的。

惯性

一切物体都有保持原来运动状态不变的性质，我们将其称为惯性。

行驶中的车子突然停下来，人的身体会向前倾。

车子突然启动，人的身体会往后仰。

陀螺只需抽一下，它就会旋转一阵子。

轻轻一蹬地面，滑板车就会跑得很远。

刚玩过的秋千依旧在摆动。

演员表演时的手绢，不出意外是掉不下来的。

以上现象都是由于惯性所产生的。

惯性的大小

　　惯性的大小通常与物体的质量（生活中人们习惯称为重量）有关。物体的质量越小，惯性越小；物体的质量越大，惯性越大。

　　一辆行驶中的小轿车遇到紧急情况，踩住刹车就能够迅速停下，这是因为小轿车质量小，惯性小；而一辆装满货物的大货车遇到紧急情况，同样车速时即便踩住刹车，也不会立即停下，因为大货车质量大，惯性大，从而会导致刹车困难。

小实验：惯性

准备材料：
一枚硬币、一块硬纸板、
一个玻璃杯。

1. 将硬纸板放在玻璃杯上，将硬币放在硬纸板上。

2. 迅速抽离硬纸板，观察硬币的动态。

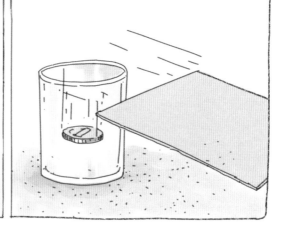

结论： 由于惯性，硬币不会跟着硬纸板一起运动，而是掉入杯中。

速度

物体的运动，有的慢，有的快。用来衡量物体运动快慢的物理量，被称为速度。

速度的基本单位是米／秒，常用单位还有千米／小时。例如：衡量一个人奔跑的速度，通常会说每秒多少米；而衡量一辆汽车的速度，通常会说每小时多少公里（千米）。

人步行的速度约为 1 米／秒；
自行车行驶的速度约为 5 米／秒；
一只猎豹每秒最快可跑 36 米；
声音在空气中每秒可以传播 340 米（音速）；
光每秒可以传播 299792458 米（光速），光速是目前世界上公认的最快速度。

什么是超音速飞机？

超音速飞机是指速度能超过音速的飞机。按照功能划分，超音速飞机可分为超音速战斗机、超音速轰炸机、超音速运输机、超音速客机、超音速侦察机、超音速教练机等。

声音

声音是由于物体的振动而产生的。

人说话时，声带在振动；音响发出声音时，锥形纸盆在振动；敲鼓时，鼓面在振动……

物体在单位时间内完成周期性变化的次数叫作频率，单位是赫兹（Hz）。

人耳可以听到声音的频率范围是 20~20000 赫兹。高于 20000 赫兹的声称为超声波，低于 20 赫兹的声称为次声波。

声音的特性

响度：俗称音量，是人主观感觉到的声音大小、强弱。

音调：声音的高低，由频率决定。

音色：不同的物体会产生不同的声音。例如，敲鼓的"咚咚"声、敲杯子的"叮叮"声、拍手的"啪啪"声等。

互动小游戏：辨别声音

光

光是一个物理学名词，其本质是一种处于特定频段的光子流。

光源

物体有的发光，有的不发光，我们通常把能发可见光且正在发光的物体叫作光源，如太阳、燃烧着的蜡烛、打开的手电筒等。

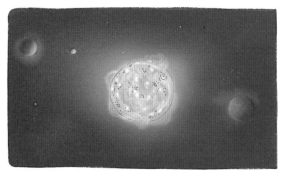

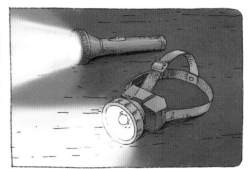

光的直线传播

光在同种均匀介质中沿直线传播。在夜晚，我们能够看到汽车、手电筒、瞭望塔等所发出的光柱，这种现象就是光的直线传播。

光的反射

站在镜子前，我们会看到自己的样子，这是光的反射现象。

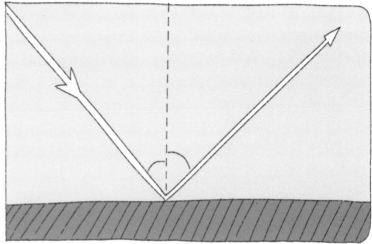

光的折射

把一根筷子放入装有水的碗里，我们会发现筷子变"弯"了，这是光的折射现象。

神奇的三棱镜

光经过三棱镜时会被分成七种颜色，这是光的色散现象。彩虹就是太阳光在传播中遇到空气中的水滴，经反射、折射后产生的一种色散现象。

影子

光在直线传播的过程中，遇到不透明的物体，会在物体后面形成与物体轮廓相似的黑暗区域，这个黑暗区域便是影子。

日食

日食又叫日蚀。月球运动到太阳和地球中间时，挡住了太阳射向地球的光，其身后的黑影落在地球上，这时便发生日食现象。日食分为日偏食、日全食和日环食。

月食

月球运行至地球的阴影部分时，因为太阳光被地球所遮挡，月球看起来像缺了一块，这种现象叫月食。月食分为月偏食和月全食。

日食的形成

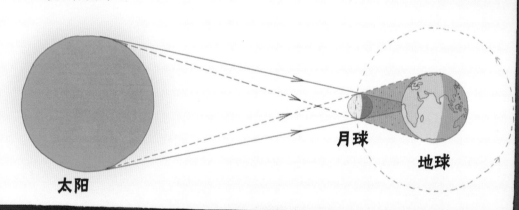

太阳　月球　地球

月食的形成

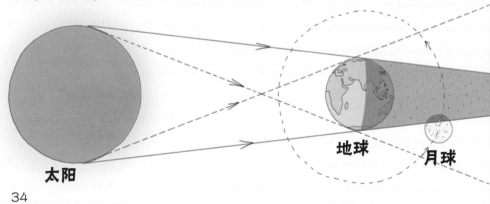

太阳　地球　月球

手影

　　将打开的手电筒照在手上，我们会看到墙上的手影。通过做不同的手势，手影会形成不同的图案。手影也是因为光无法透过手而在后面的物体上形成的影子。

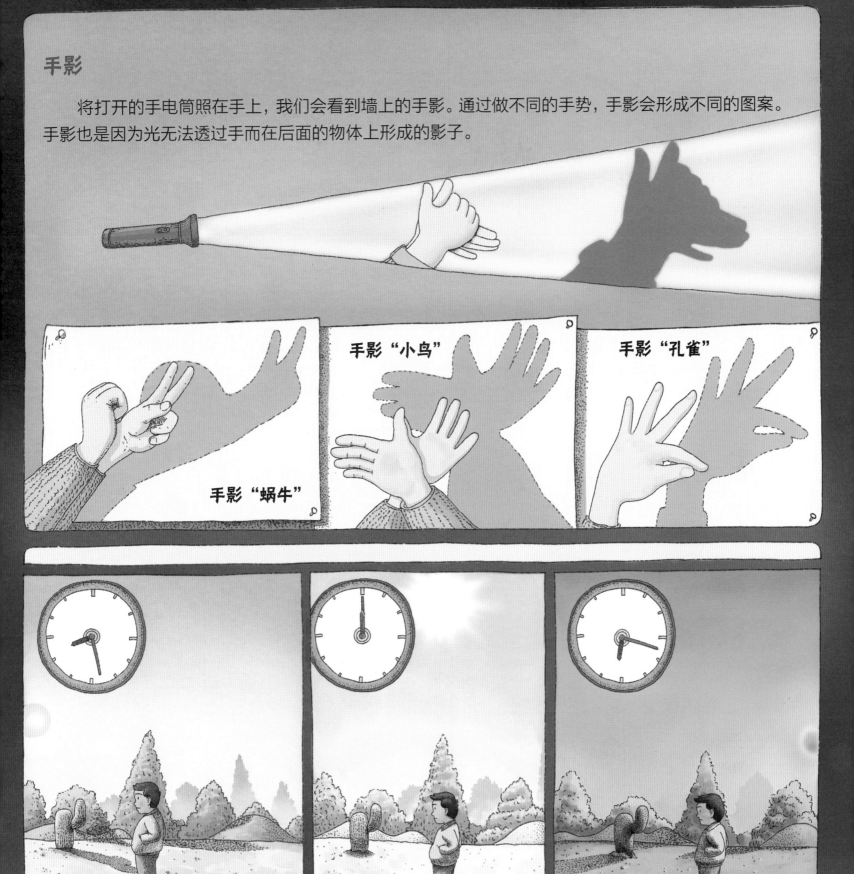

手影"蜗牛"

手影"小鸟"

手影"孔雀"

一天中影子的变化

　　从早晨到中午，影子由长变短；从中午到傍晚，影子由短变长；一天当中，正午时影子最短。

磁铁

具有磁性（吸引铁、钴、镍等物质的性质）的物体叫作磁体。磁铁是用钢或合金钢经过磁化制成的磁体，也有的用磁铁矿加工制成，多为条形或马蹄形。磁铁也就是人们常说的吸铁石。

古时，由于人们缺乏对自然科学的认知，经常会遇到一些奇怪的现象：百姓在采矿时锄头突然被矿山"咬住"，士兵手中的武器突然被矿山"抢走"等。面对这些无法解释的现象，那时的人们十分害怕，以为是山神显灵。

后来，人们经过探索才发现，那不是山神显灵，而是有磁铁矿的缘故。磁铁矿具有吸引磁性物质的特性，而百姓手中的锄头恰好是铁做的，士兵手中的武器也是铁做的，所以才会出现锄头被"咬住"、武器被"抢走"的现象。

指南针（古代叫司南）是中国古代四大发明之一，它就是利用磁石制成的。

古代劳动人民将天然吸铁石雕刻成勺形，放在一个光滑的盘上，盘上刻着方位。不管怎样拨动，勺柄都会指向南方。古时，人们主要用它来辨别方向。后来，指南针传入欧洲，欧洲人用它开辟了新航路。

小实验：自制吸铁石

准备材料：吸铁石、3个别针。

1. 将一个别针放在吸铁石同一个磁极摩擦50次。（放在S极或N极，注意只能放在一端，中途不能更换。）

2. 拿着被摩擦的别针去吸一下其他别针。

3. 在被吸住的第二个别针后面再加一个别针。

结论：1. 吸铁石可以将铁磁化。
2. 磁铁与被吸物体之间间隔的东西越多，其磁性越弱。

小实验：自制指南针

1. 漂浮式指南针

盛一碗水，将磁针缠上涂了蜡的蚕丝，再将其放到水面上，就可以指示方向。

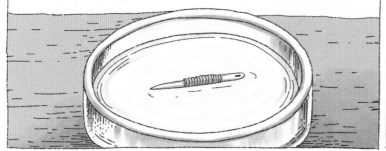

2. 碗唇旋定式指南针

将磁针放在碗口边缘，使其保持平衡，这样磁针就可以指示方向了。

3. 指甲旋定式指南针

把磁针放在指甲上面，使其保持平衡，这样磁针就可以指示方向了。

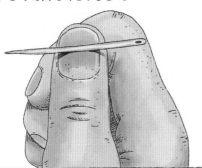

4. 缕悬式指南针

在磁针中部涂一些蜡，粘上一根蚕丝，挂在没有风的地方，磁针就可以指示方向了。

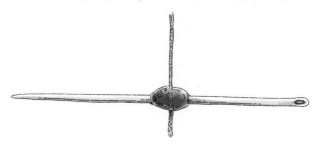

电

电是静止或移动的电荷所产生的物理现象。

生活用电是如何产生的？

日常生活中使用的电主要来自其他形式能量的转换。运转的发电站只是能量转换的地方。发电站中有一块很大的磁铁，当它转动起来时，线圈中的电子走向移动，于是电流就产生了。

生活用电是怎样传播的？

电子沿着电线奔跑，最后分散到城市的各个角落。当电子到达你家时，也许你并不知道。但当你打开电灯的一瞬间，电能转化为光能，灯就亮了。对电子来说，插座是阻碍它们继续奔跑的一道门。插上插头之前，它们都在门口等待着；插上插头后就像钥匙打开了大门，电子又可以沿着电线奔跑了！

发电机

密度

密度是指物质单位体积的质量，它反映了单位体积内构成物体的微粒的疏密程度。

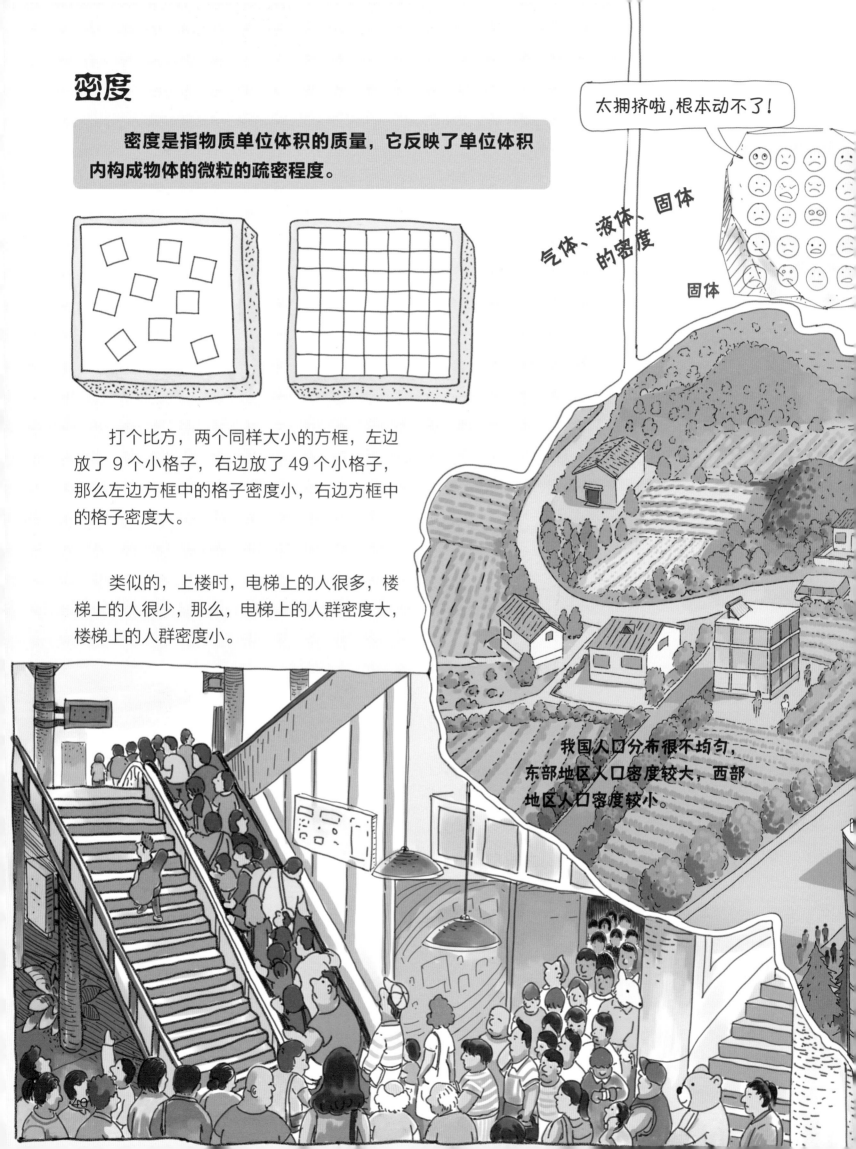

打个比方，两个同样大小的方框，左边放了 9 个小格子，右边放了 49 个小格子，那么左边方框中的格子密度小，右边方框中的格子密度大。

类似的，上楼时，电梯上的人很多，楼梯上的人很少，那么，电梯上的人群密度大，楼梯上的人群密度小。

太拥挤啦，根本动不了！

气体、液体、固体的密度

固体

我国人口分布很不均匀，东部地区人口密度较大，西部地区人口密度较小。

小实验：瓶子装满了吗？

准备材料：瓶子、小石头、沙子、水。

1. 在瓶子里装满小石头，观察瓶子里的空隙。

2. 在瓶子里装满沙子，观察瓶子里的空隙。

3. 在瓶子里装满水，观察瓶子里的空隙。

结论：比起沙子、小石头，水更容易装满瓶子。

物质的状态

物质是由分子、原子等微粒构成的。通常所见的物质有三种状态：气态、液态和固态。

木头、石头、玻璃等有一定体积和形状且质地比较坚硬的物质属于固态物质。

水、牛奶、石油等没有固定形状且可以流动的物质属于液态物质。

厨房里的饭香味、卫生间里的异味、田野里的花香等可流动、可变形、可扩散的物质属于气态物质。

物质状态的变化

糖块在锅里吸热，化为糖水，叫熔化（由固态到液态）。

水蒸发为水蒸气，叫汽化（由液态到气态）。

降雨是水汽遇冷液化（由气态到液态）为水珠的结果。

雨水落地结冰，叫凝固（由液态到固态）。

小实验：水的三种状态的转变

准备材料：一个玻璃杯、几个冰块、一盏酒精灯、一个隔热网。

1. 把冰块放入玻璃杯，将玻璃杯放在隔热网上，点燃酒精灯。

2. 3 分钟后，观察玻璃杯内冰块的形状。

3. 5 分钟后，观察玻璃杯内水位的变化。

 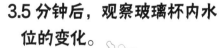

结论：冰块受热熔化为水，水沸腾后变成水蒸气往空中扩散。在这个实验过程中，水发生了由固态到液态，再由液态到气态的转变。

升华和凝华

固态物质不经液态直接变为气态的现象，叫升华；气态物质不经液态直接变为固态的现象，叫凝华。

冬天里结冰的衣服变干硬、灯泡里的钨丝越用越细、衣柜里的樟脑球越放越小等，这些现象叫升华。

冬天里玻璃窗内侧出现漂亮的冰花、菜叶上出现霜、树枝上出现雾凇等，这些现象叫凝华。

云是大气中的水蒸气遇冷液化成的小水滴，或凝华成的小冰晶；

雨是从云中降落下来的大水滴；

雪是从云中降落到地面的雪花形状的固态水；

露是空气中的水汽液化，凝结在地面物体上的液态水；

雾是悬浮在空气中的微小水滴；

霜是水汽凝华在物体上的白色小冰晶。

自然界中的水循环

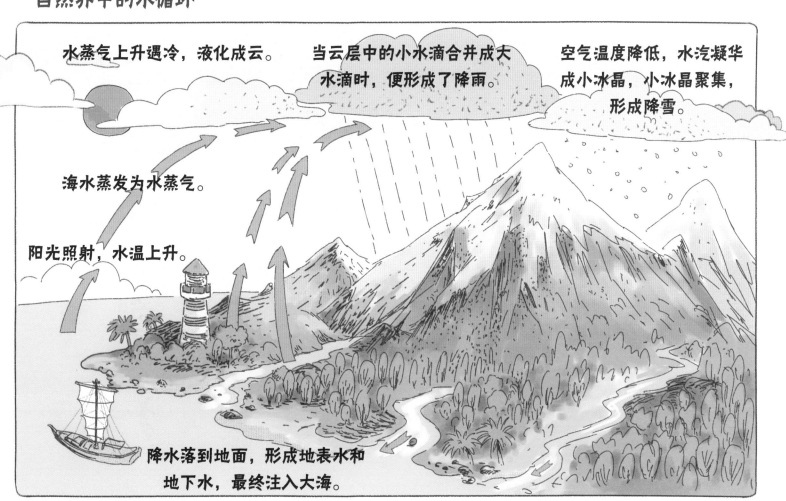

水蒸气上升遇冷，液化成云。

当云层中的小水滴合并成大水滴时，便形成了降雨。

空气温度降低，水汽凝华成小冰晶，小冰晶聚集，形成降雪。

海水蒸发为水蒸气。

阳光照射，水温上升。

降水落到地面，形成地表水和地下水，最终注入大海。

晶体和非晶体

晶体

晶体有固定的熔点，有规则的外形。

常见的晶体有：盐、冰、石英、钻石等。

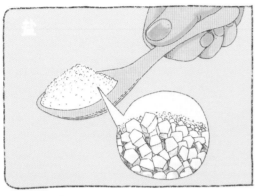

非晶体

非晶体没有固定的熔点，也没有规则的外形。

常见的非晶体有：松香、沥青、蜡烛、橡胶等。

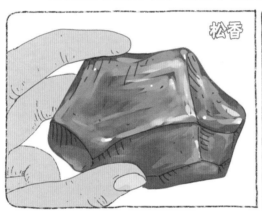

熔点

熔点是晶体由固态熔化为液态时的温度。例如，标准大气压下，铁加热到 1535 摄氏度时，会熔化为铁水，那么 1535 摄氏度就是铁的熔点。

沥青

沥青是一种防水、防潮、防腐的有机胶凝材料，主要分为煤焦沥青、石油沥青和天然沥青三种。其中，煤焦沥青是炼焦的副产品，石油沥青是原油蒸馏后的残渣，天然沥青则储藏在地下。沥青主要用于涂料、塑料、橡胶等工业以及铺筑路面等。

导体和绝缘体

自然界中的导体有很多，如金、银、铜、铁、铝等。除此之外，水溶液、人体也是导体。

绝缘体是指不容易导电的物体。

自然界中的绝缘体也有很多，如陶瓷、塑料、橡胶轮胎、木头等。

人为什么能够导电？

人体内含有大量体液，主要由水组成，并含有各类电解质等，使得人成了导体。

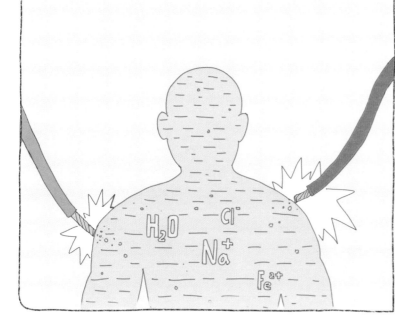

电缆通电，为什么人摸着没事呢？

电缆通常是由铜线和橡胶皮套共同组成的。橡胶皮套是绝缘体，所以人摸着没事。（特别提醒：老化、破损的电缆要及时更换。电缆中的铜线是通电的，倘若裸露在外，极易与周边的导体物质通电。即便在附近的人不摸，也容易引发触电事故。）

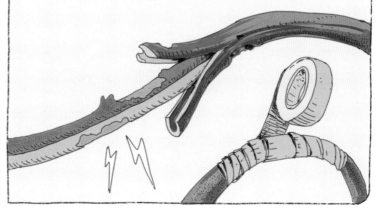

斜面原理

在陡峭的山上公路为什么总是一环一环的？

螺丝钉上为什么会有一圈一圈的螺纹？

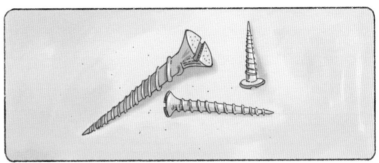

为什么平缓的楼梯爬着较轻松，而较陡的楼梯爬着却十分吃力？

为什么很多楼门前都要修一个斜坡？

为什么工人要在货车车厢与地面之间搭一块斜板？

其实，这些都是利用了斜面省力的原理。

斜面是一种简单的省力机械，主要用来克服垂直提升重物的困难。斜面省力，但距离较远。斜面与平面的倾角越小，斜面越长，越省力；斜面与平面的倾角越大，斜面越短，越费力。

小孔成像原理

　　把一块带有小孔的纸板放在蜡烛与挡板中间，挡板上会形成烛焰倒立的像，这种现象叫小孔成像。小孔成像的原理是光的直线传播。

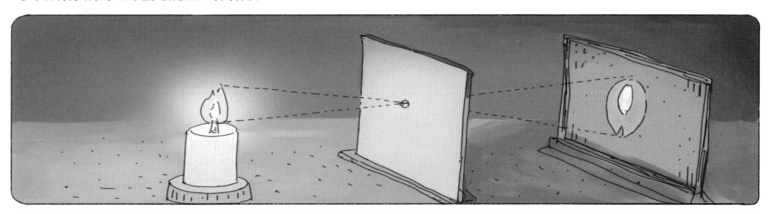

小实验：小孔成像

第一种

准备材料：蜡烛、螺丝刀、硬纸板、白板。（本实验需要在漆黑的环境下进行，可选择在晚上。）

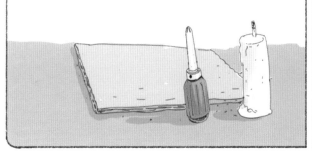

1. 用螺丝刀在硬纸板中心钻出一个小洞。

2. 点燃蜡烛，将硬纸板放在距蜡烛不远处，在白板上可以看到烛焰倒立的像。分别移动蜡烛和硬纸板，观察白板上烛焰的成像大小。

结论：蜡烛距小孔越近，得到的倒立的像越大；反之则越小。

第二种

准备材料：易拉罐、剪刀、塑料膜、螺丝刀、蜡烛。

1. 剪去易拉罐的上部。

4. 将小洞对着点燃的蜡烛，这样即可在塑料膜上得到烛焰倒立的像。

2. 在易拉罐口盖上一层塑料膜。

3. 在易拉罐底部钻一个小洞。

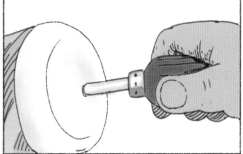

飞机飞行原理

一架普通客机约 60 吨，一头大象约 6 吨，一架飞机的质量约是一头大象的 10 倍，为什么大象飞不起来，而飞机却能飞起来呢？

对着纸上面吹气，纸会向上升起，这是因为纸上面的空气流动速度突然变快，而纸下面还是原来的空气流动速度，相对较慢。一般来讲，当物体上面的空气流动速度大于下面的空气流动速度时，物体会向空气流动速度快的一方靠近，这时产生的力便是升力。同样的原理，飞机也是这样飞起来的。

飞机的机翼设计通常是上面呈曲面，下面为平面，如右图。

机翼上方气流的速度比下方气流的速度大得多，机翼得到了一个向上的升力。

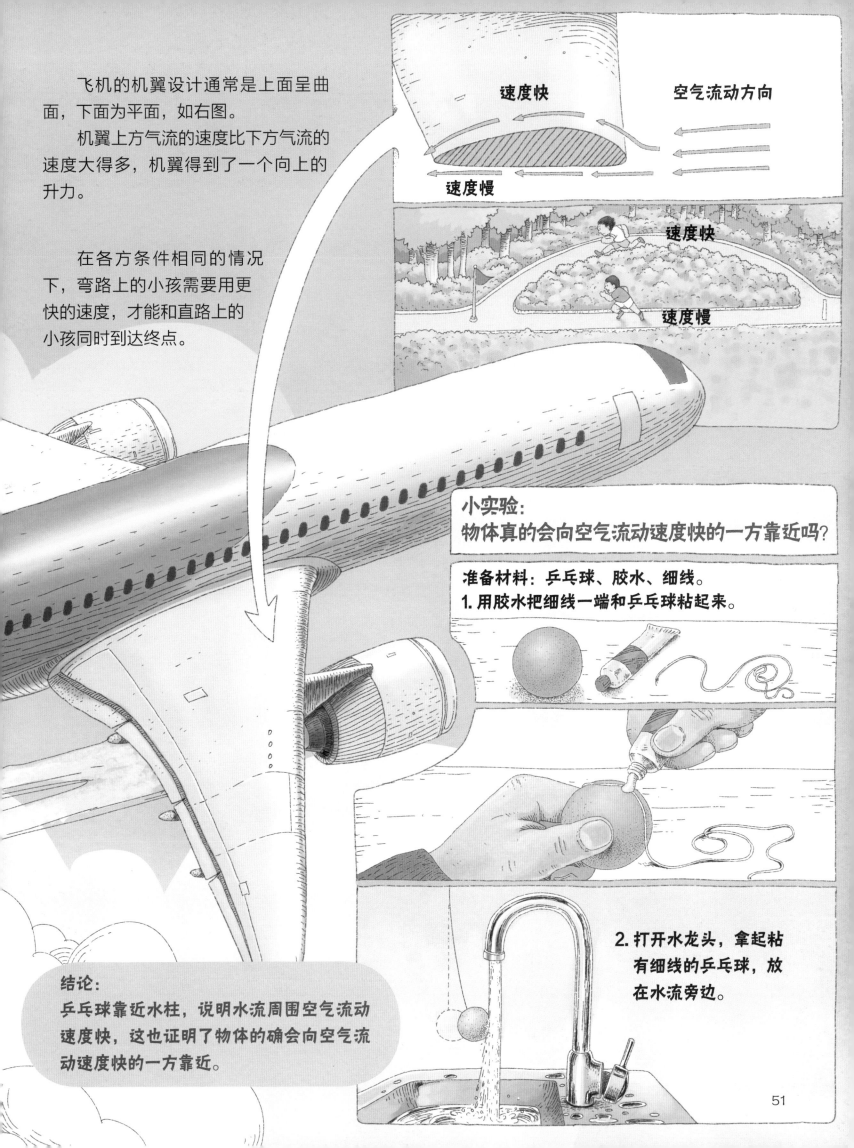

速度快

空气流动方向

速度慢

速度快

速度慢

在各方条件相同的情况下，弯路上的小孩需要用更快的速度，才能和直路上的小孩同时到达终点。

小实验：
物体真的会向空气流动速度快的一方靠近吗？

准备材料：乒乓球、胶水、细线。
1. 用胶水把细线一端和乒乓球粘起来。

2. 打开水龙头，拿起粘有细线的乒乓球，放在水流旁边。

结论：
乒乓球靠近水柱，说明水流周围空气流动速度快，这也证明了物体的确会向空气流动速度快的一方靠近。

51

火箭飞行原理

你轻推朋友一下，朋友未站稳，会摔倒，这是你的推力所导致的。

你推一下墙，墙没有后退，你却后退了，这是墙施加的反推力所导致的。

火箭是借助发动机里喷射出来的强大气流，利用反推力升空并飞行的，这和放气时气球倒飞出去的原理一样。

在没有空气的情况下，火箭的燃料也能燃烧。燃料用完后，原来装燃料的壳体会自动从火箭上脱离，以减轻火箭的质量，让火箭以更快的速度冲向太空。

逃逸塔

58.34米

中国航天

「长征二号F」基本型运载火箭

助推器

我想知道更多

测 量	运 动	声 音	力
·长度	·相对运动	·振动	·重力
·温度	·静止	·振幅	·弹力
·质量	·直线运动	·声波	·压力
·体积	·速度	·噪音	·浮力
·密度	·参照物	·音调	·摩擦力
·时间	·曲线运动	·音色	·合力
·刻度尺	·变速直线运动	·响度	·杠杆
·测力计	·加速度	·声速	·斜面
·天平	·匀速直线运动	·分贝	·滑轮
·钟表	·平均速度	·回声	·简单机械

光	热	磁	电
· 光源	· 熔化	· 磁体	· 电荷
· 光的直线传播	· 凝固	· 磁场	· 电压
· 光的反射	· 液化	· 磁极	· 电阻
· 光的折射	· 汽化	· 磁化	· 正极
· 日食	· 升华	· 磁感线	· 负极
· 月食	· 凝华	· 南极	· 导体
· 海市蜃楼	· 熔点	· 北极	· 绝缘体
· 小孔成像	· 沸点	· 磁铁	· 伏特
· 光速	· 热量	· 指南针	· 电流
· 光的色散	· 比热容	· 小磁针	· 功率

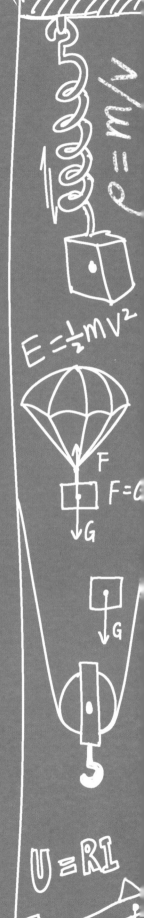

图书在版编目（CIP）数据

呀！物理真好玩 / 陈和伟文；高凯图. —— 成都：
天地出版社，2019.10（2021.10重印）
ISBN 978-7-5455-5213-3

Ⅰ．①呀… Ⅱ．①陈… ②高… Ⅲ．①物理学－儿童
读物 Ⅳ．①O4-49

中国版本图书馆CIP数据核字(2019)第190964号

YA! WULI ZHEN HAO WAN

呀！物理真好玩

出 品 人	杨　政
著　　者	陈和伟
绘　　者	高　凯
责任编辑	刘俊枫
装帧设计	王娇龙
责任印制	田东洋

出版发行　天地出版社
　　　　　（成都市槐树街2号　邮政编码：610014）
　　　　　（北京市方庄芳群园3区3号　邮政编码：100078）
网　　址　http://www.tiandiph.com
电子邮箱　tianditg@163.com

印　　刷　天津联城印刷有限公司
版　　次　2019年10月第1版
印　　次　2021年10月第3次印刷
开　　本　710mm×1000mm　1/8
印　　张　8
字　　数　120千
定　　价　78.00元
书　　号　ISBN 978-7-5455-5213-3